Bibliografische Information der Deutschen Nationalbibliothek:

Die Deutsche Bibliothek verzeichnet diese Publikation in der Deutschen Nationalbibliografie; detaillierte bibliografische Daten sind im Internet über http://dnb.d-nb.de/ abrufbar.

Impressum:

Druck und Bindung: Books on Demand GmbH, Norderstedt Germany
ISBN: 978-3-668-13963-3

Dieses Buch bei GRIN:

http://www.grin.com/de/e-book/282579/formen-und-wirkung-von-verlustbringen-den-chemischen-kampfstoffen

Markus Schnedlitz

Formen und Wirkung von verlustbringenden chemischen Kampfstoffen

GRIN Verlag

GRIN - Your knowledge has value

Der GRIN Verlag publiziert seit 1998 wissenschaftliche Arbeiten von Studenten, Hochschullehrern und anderen Akademikern als eBook und gedrucktes Buch. Die Verlagswebsite www.grin.com ist die ideale Plattform zur Veröffentlichung von Hausarbeiten, Abschlussarbeiten, wissenschaftlichen Aufsätzen, Dissertationen und Fachbüchern.

Besuchen Sie uns im Internet:

http://www.grin.com/

http://www.facebook.com/grincom

http://www.twitter.com/grin_com

Formen und Wirkung von verlustbringenden chemischen Kampfstoffen

Markus Schnedlitz

Inhaltsverzeichnis

Einleitung

In der heutigen Zeit ist der Einsatz von chemischen Kampfstoffen verpönt und wird geächtet. Trotzdem kann der Einsatz dieser nicht ausgeschlossen werden, wie aus der Geschichte der letzten Jahre ersichtlich ist. In vielen Ländern gibt es große Mengen an Restbeständen und Altlasten, die jederzeit einsatzbereit sind.

1. Formen und Wirkung von chemischen Kampfstoffen

Chemische Kampfstoffe werden in zwei Gruppen gegliedert. Dabei unterscheidet man verlustbringende Kampfstoffe und störende Kampfstoffe. Der Einsatz von verlustbringenden Kampfstoffen hat entweder den Tod oder längere Ausfälle zur Folge. Die Letalität ist dabei von der Dosis abhängig. Die Wirkung von störenden Kampfstoffen ist hingegen nur kurzfristig vorhanden, tritt jedoch schnell ein. Der Einsatz von störenden Kampfstoffen führt zu einer zeitweiligen Handlungsunfähigkeit von maximal 24 Stunden.
Die weitere Einteilung von chemischen Kampfstoffen erfolgt nach ihrer Wirkung auf den Menschen. Chemische Kampfstoffe werden im Allgemeinen in folgende Gruppen unterteilt.

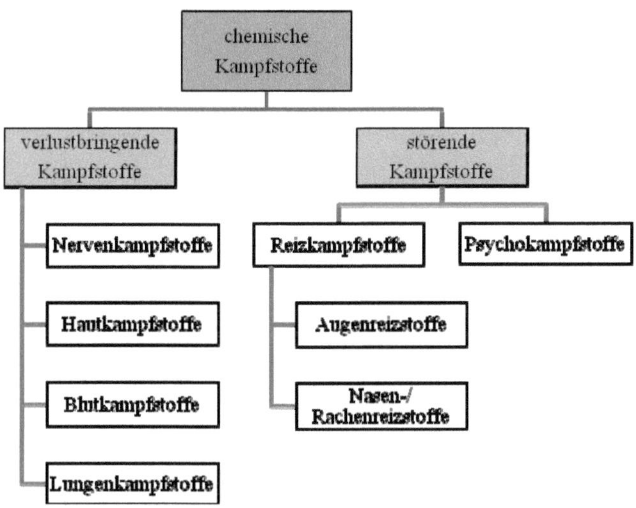

Die folgende Arbeit geht ausschließlich näher auf die Gruppe der verlustbringenden Kampfstoffe ein. Dabei werden sowohl Eigenschaften und Struktur sowie Wirkung und Symptome der einzelnen Stoffe erläutert.

2. Nervenkampfstoffe

Nervenkampfstoffe wurden im Zuge von Forschungsarbeiten zur Herstellung von Insektiziden in den Dreißigerjahren des 20. Jahrhunderts entdeckt. Sie zählen zu den gefährlichsten und tödlichsten chemischen Kampfstoffen und führen bereits nach wenigen Minuten zum Ausfall oder Tod der kontaminierten Person. Das Erkennen von Nervenkampfstoffen am Gefechtsfeld ist äußerst schwierig, da sie nahezu in geruchloser und farbloser Form auftreten. Das Vorhandensein von diesen Kampfstoffen wird meist erst nach eintreten, der durch das Nervengift verursachten Symptome erkannt.

2.1. Eigenschaften und Struktur

„Die als Nervenkampfstoffe eingesetzten Substanzen sind organische Phosphorsäure- oder Phosphonsäureverbindungen und haben eine gemeinsame Grundstruktur.“[1]

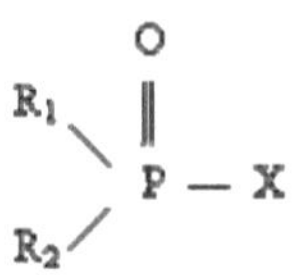	R_1, R_2 ... ALKYL-; Alkoxy-, Dialkylamidrest X ... Säurerest

Nervenkampfstoffe sind Organophosphate, die, um ihre Wirkung zu entfalten, zu dem Acetylcholin ähnlichen Tammelin'schen Estern weiterentwickelt wurden. Das Acetylcholin ist die Überträgersubstanz, welche Nervenimpulse an den Synapsen an die Endorgane oder Muskeln über die motorische Endplatte weiterleitet. Für den Abbau des Acetylcholin ist das Enzym Acetylcholinesterase verantwortlich. Das Ziel der Entwicklung von Nervenkampfstoffen bestand darin, eine Verbindung mit dem Acetylcholin ähnlicher Struktur zu schaffen, um in diesen biologischen Prozess einzugreifen.

[1] Richter, Erwin: Chemische Kampfstoffe. Arbeitsskriptum. ABC AbwS. Korneuburg 1989.

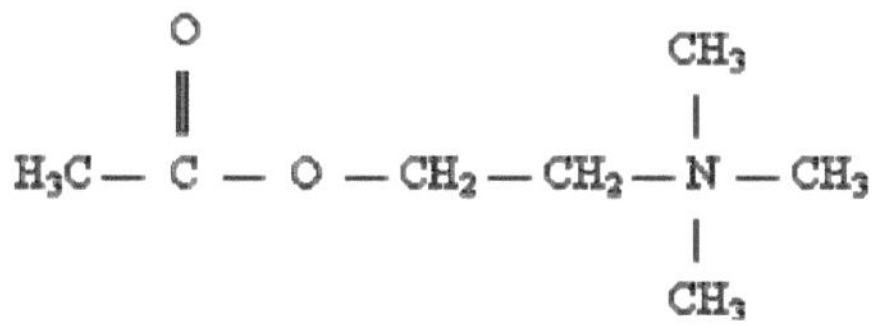	Acetylcholin
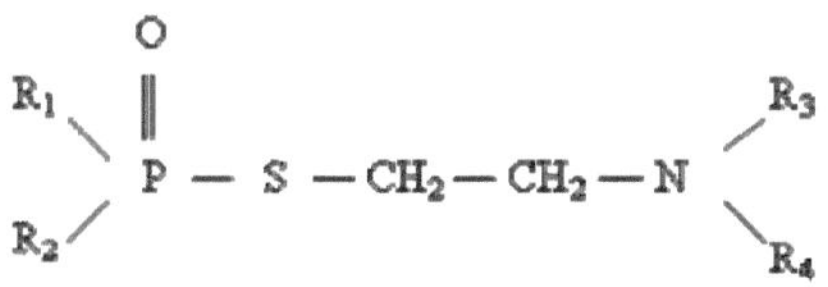	Tammelin'scher Ester

Nervenkampfstoffe werden in der Norm durch die intakte Haut, die Schleimhäute und die Augenbindehaut oder über die Atemwege aufgenommen. Die Resorptionsgeschwindigkeit kann durch Zugabe von Lösungsmitteln beschleunigt werden. Die wichtigsten Nervenkampfstoffe sind Tabun (GA), Sarin (GB), Soman (GD) und VX. Diese chemischen Kampfstoffe besitzen folgende Eigenschaften:

Kampfstoff	Tabun	Sarin	Soman	VX
Molekulargewicht	162,13 g/mol	140,09 g/mol	180,16 g/mol	267,37 g/mol
Schmelzpunkt	-50° C	-56° C	-42° C	-51° C
Siedepunkt	120° C	158° C	198° C	298° C
LD50	1 bis 3 g/Mensch	1,7 g/Mensch	1 g/Mensch	10 bis 15 mg/Mensch
LCT50	400 mg*min/m3	70 bis 80 mg*min/m3	100 mg*min/m3	100 mg*min/m3
ICT50	300 mg*min/m3	40 bis 50 mg*min/m3	50 mg*min/m3	50 mg*min/m3

Tabelle 1[2]

Der Kampfstoff Tabun, auch Dimethylphosphoramidocyanidic acid, ist ein Nervengift und zählt zur Gruppe der Phosphorsäureester. Tabun ist eine farblose, wasserklare Flüssigkeit mit fruchtigen bis „fischigen" Geruch. Dieser Kampfstoff ist gut wasserlöslich und sehr sesshaft. Zur Lagerung von Tabun sind Stabilisatoren nötig. Die Aufnahme in den Körper erfolgt

[2] Vgl. Trieb, Peter: Datenbank chemische Kampstoffe. Allgemeine Physik Merkblatt. Wien 1995. Datenblätter.

entweder über die intakte Haut oder über die Atemwege. Tabun wird als Aerosol in gesprühter Form eingesetzt.

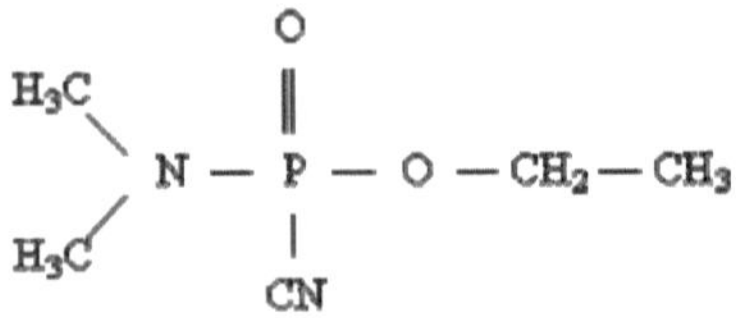	Tabun $C_5H_{11}N_2O_2P$

Der Kampfstoff Sarin, auch Fluorphosphonsäuremethylisopropylester, ist eine geruchlose und farblos bis leicht bersteinfarbige ölige Flüssigkeit. Seine Konsistenz entspricht der von Motoröl. Sarin wird als Aerosol eingesetzt und ist sehr flüchtig. Die Halbwertszeit beträgt bei einem ph-Wert von 11 nur 30 Sekunden. Sarin hat seinen Namen von seinen Entwicklern **S**chrader, **A**mbros, **R**üdiger und von der **Lin**de[3]. Die Aufnahme des Kampfstoffes in den Körper erfolgt über die intakte Haut, die Atemwege und die Augen.

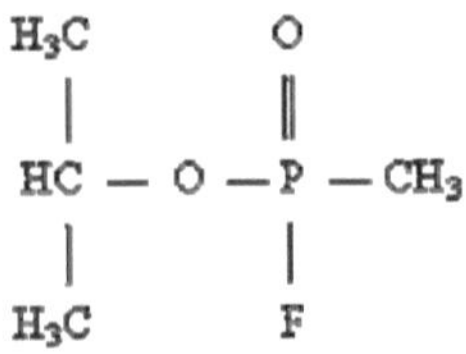	Sarin $C_4H_{10}FO_2P$

Der Nervenkampfstoff Soman, auch Methylphosphonofluoric acid, ist eine farblose und geruchlose Flüssigkeit. Dieses Nervengift ist wenig flüchtig und besitzt eine gute Wasserlöslichkeit. Die Aufnahme in den Körper erfolgt über die intakte Haut, die Augen und die Atemwege. Soman ist in seiner Lagerfähigkeit sehr stabil und kann ohne technische Hilfsmittel gelagert werden.

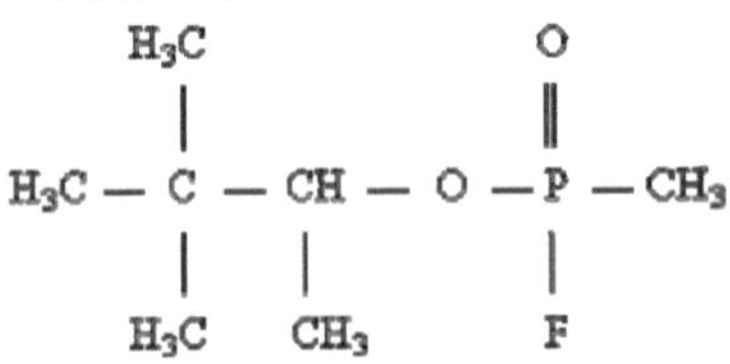	Soman $C_7H_{16}FO_2P$

[3] Vgl. http://www.gifte.de/B-%20und%20C-Waffen/sarin.htm [Stand 20.05.2008]

Der Nervenkampfstoff VX, auch Methylphosphonothioic acid, ist die giftigste und bekannteste Verbindung der vier angeführten Nervengifte. VX ist eine geruch- und farblose Flüssigkeit mit öliger Konsistenz. Die Flüssigkeit ist sehr sesshaft und gelangt als Aerosol zur Anwendung. VX kann über die Haut, die Atemwege oder über die Augen in den Körper aufgenommen werden. VX gehört zu der Gruppe der V – Kampfstoffe, welche in den USA in den Fünfzigerjahren des 20. Jahrhunderts entwickelt wurden.

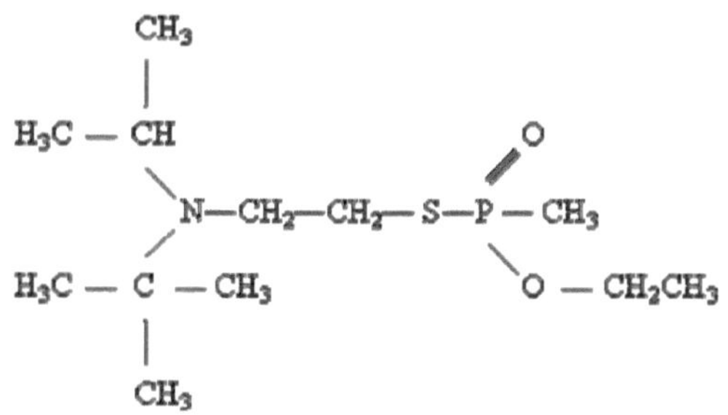	VX $C_{11}H_{26}NO_2PS$

2.2. Wirkung und Symptome

Die Übermittlung eines Reizes vom Zentralnervensystem an das Endorgan (Muskulatur, Organ) erfolgt über Nervenzellen. Diese Nervenzellen sind untereinander und mit dem Endorgan durch Synapsen verbunden. Die Reizübertragung über die Synapsen erfolgt durch Überbrückung des synaptischen Spaltes mit Hilfe einer Überträgersubstanz, des Neuroransmitters Acetylcholin. Das ausgeschüttete Acetylcholin wird durch Rezeptoren aufgenommen und es erfolgt durch die Reizung eine Kontraktion der Muskulatur. Das Acethylcholin wird nach der Reizübertragung durch das Enzym Acetylcholinesterase hydrolytisch[4] in Essigsäure und Cholin gespalten. Die Spaltung des Acetylcholins macht eine Erschlaffung der Muskulatur möglich.

Nervenkampfstoffe wirken durch die Hemmung dieses Enzyms Acetylcholinesterase. Durch diese Hemmung kann das Enzym das Acetylcholin nicht mehr spalten und es kommt zu einer Anhäufung des Acetylcholins im synaptischen Spalt. Durch diese Anhäufung des Acetyhcholins ist eine Erschlaffung der Muskulatur nicht mehr möglich. Nervenkampfstoffe haben jedoch nicht nur Auswirkungen auf die Muskulatur sondern auf die gesamten synaptischen Verbindungen. Die Hemmung der Acetylcholinesterase führt zu einer

[4] Anm. d. Verf.: Spaltung einer chemischen Verbindung durch die Reaktion mit Wasser

Dauerreizung aller betroffenen Nerven. Diese Reizung stellt die Hauptursache für die Vergiftungserscheinungen dar.
Die Vergiftung durch Nervenkampfstoffe äußert sich durch verschiedene Anfangssymptome und Hauptsymptome. Die Reihenfolge der Symptome hängt von der Art der Aufnahme des Kampfstoffes ab. Zu den Anfangssymptomen zählen Kopfschmerzen und eine verstärkte Sekretbildung mit Tränenfluss, Nasenlaufen, erhöhtem Speichelfluss und Schweißausbrüchen. Weiters kommt es zu einer Pupillenverengung, verbunden mit Sehstörungen, Augenschmerzen und Muskelzucken an Stellen, an denen der Kampfstoff über die Haut eingedrungen ist. Am schnellsten wirken Nervenkampfstoffe auf die Atemwege und führen, durch eine Verengung in den Bronchien und einer Übersekretion zu Atembeschwerden und einem Engegefühl in der Brust. Das Vollbild der Vergiftung äußert sich durch die Hauptsymptome. Dazu gehören Muskelzittern, Muskelkrämpfe, Erbrechen und ein unkontrollierter Stuhl- und Harnabgang. Die Wirkung des Nervenkampfstoffes führt zu einer Übertragungsstörung im Gehirn, verbunden mit Ängstlichkeit, Erregung, Verwirrtheit, Schwäche und in weiterer Folge Bewusstlosigkeit. Die Atemnot steigert sich zu einer Atemlähmung, welche in Verbindung mit einem Kreislaufstillstand zum Tod führt. Bei leichten Vergiftungen treten nur die Anfangssymptome auf. Die Hemmung der Acetylcholinesterase dauert Tage bis Wochen. Die Kontamination durch Nervengift kann durch die Enzymalterung[5] zu bleibenden Schäden führen.

3. Hautkampfstoffe

Hautschädigende chemische Kampfstoffe wurden bereits im ersten Weltkrieg eingesetzt. Hautkampfstoffe wirken nicht nur lokal auf die betroffenen Hautzellen sondern können durch Eindringen in den Körper Augen, Atemwege und innere Organe systematisch schädigen. Hautkampfstoffe liegen meist in flüssiger Form vor. Sie entfalten ihre Wirkung auf die Haut, durch direkte Berührung der Flüssigkeit und im Inneren des Körpers nach Verdunstung, durch die Aufnahme des Giftes in Dampfform. Diese Kampfstoffart ist durch ihr Vermögen besonders rasch durch die Kleidung und durch die Haut einzudringen gekennzeichnet und eignet sich zu einer langfristigen Geländekontamination. Hautkampfstoffe kommen in Form von Losten, arsenhaltigen Hautkampfstoffen und Nesselstoffen zum Einsatz.

5 Anm. d. Verf.: : irreversible Bindung des Nervenkampfstoffes an die Acetylcholinesterase

3.1. Loste

Bei den Losten unterscheidet man Schwefellost (HD, S-Lost) und Stickstoffloste (HN, N-Loste). Die Bezeichnung für diesen chemischen Kampfstoff kommt von den Chemikern **Lo**mmel und **Ste**inkopf, welche an der Entwicklung von S-Lost arbeiteten.[6]

3.1.1. Eigenschaft und Struktur

Kampfstoff	S-Lost	N-Lost (HN-1)	N-Lost (HN-2)	N-Lost (HN-3)
Molekulargewicht	159,07 g/mol	170,08 g/mol	156,06 g/mol	204,53 g/mol
Schmelzpunkt	14,4° C	-34,4° C	-65° C	-3,7° C
Siedepunkt	217,8° C	114° C	75° C	256° C
LD_{50}	1 bis 15 (3000 äußerlich) mg/Mensch	700 bis 1400 mg/Mensch		700 bis 1400 mg/Mensch
LCT_{50}	1500 mg*min/m³	1500 mg*min/m³	3000 mg*min/m³	1500 mg*min/m³
ICT_{50}	200 mg*min/m³	200 mg*min/m³	200 mg*min/m³	100 bis 200 mg*min/m³

Tabelle 2[7]

S-Lost, auch Senfgas oder Dichlordiethylsulfid, ist eine farblos bis gelbliche, geruchlose Flüssigkeit mit öliger Konsistenz. Das technische Produkt weist einen süßlichen, senfartigen Geruch auf. S-Lost wird in Form von Aerosolen eingesetzt. Im Ersten Weltkrieg wurde neben S-Lost auch das sogenannte Winterlost verwendet. Dabei wurde durch Beimischung von anderen Chemikalien der Gefrierpunkt herab gesetzt, um es in flüssiger Form einsetzen zu können. S-Lost durchdringt Beton, Leder, Kunstfasern, Ziegel und Holz und verfügt über eine hohe Fettlöslichkeit, wodurch es rasch durch die Haut eindringen kann. Dieser Hautkampfstoff ist ein halogenierter Thioether.

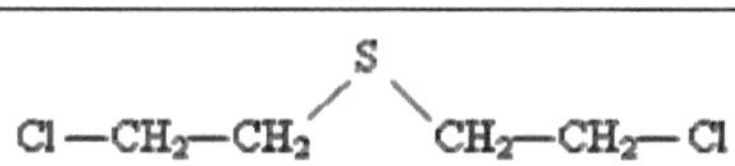	S-Lost, HD $C_4H_8Cl_2S$

6 Vgl. http://www.gifte.de/B-%20und%20C-Waffen.htm [Stand: 10.05.2008]
7 Vgl. Trieb. 1995. a.a.O. Datenblätter.

N-Loste gehören zu der Gruppe der tertiär alkylierten Amine. Alle Stickstoffloste haben die selbe Grundstruktur, welche auf Stickstoff basiert.

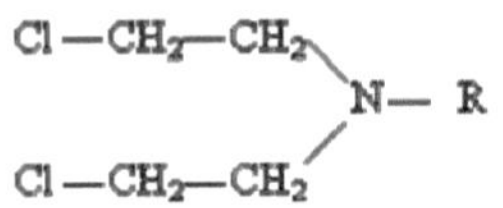	N-Loste, HN Grundstruktur (R = Alkylgruppe)

Die verschiedenen Stickstoffloste unterscheiden sich in der Alkylgruppe und in ihren physikalischen Eigenschaften.

HN – 1, auch Ethyldichlordiethylamin, ist eine farblose, ölige Flüssigkeit mit einem dezenten fischartigen Geruch.

$R = CH_2—CH_3$	HN – 1

HN – 2, auch Methyldichlordiethylamin, ist eine farblose, ölige Flüssigkeit mit einem Geruch nach Schmierseife. In höherer Konzentration tritt ein fruchtiger Geruch auf.

$R = CH_3$	HN – 2

HN – 3, auch Tris-(2-Chlorethyl)-amin, ist eine farb- und geruchslose, ölige Flüssigkeit. Nach drei bis vier Tagen färbt sich die Flüssigkeit gelb bis braun. HN – 3 reagiert mit Chlorkalk exotherm und explosiv. HN – 3 ist die giftigste Form der Stickstoffloste.

$R = Cl—CH_2—CH_2$	HN – 3

Loste kommen als Aerosole, Flüssigkeiten oder als Zäh-Loste zum Einsatz. Durch Beimischung von Kunstharz, wie Kautschuk, kann die Haftung verbessert und somit die Wirkung erhöht werden. Zäh-Loste sind sehr sesshaft und können in einem kontaminierten Gelände noch Jahrzehnte nach dem Einsatz nachgewiesen werden. Loste können auch indirekt über Nahrungsmittel aufgenommen werden. Dabei wird der Hautkampfstoff oral aufgenommen und führt zu einer Vergiftung des Magen- und Darmtrakts.

3.1.2. Wirkung und Symptome

Loste entfalten ihre Wirkung im Organismus als alkylierende Verbindungen und schädigen dadurch die Erbanlagen der betroffenen Zellen. Der Kampfstoff gibt Alkylgruppen (CH_3, $CH_2 - CH_3$, $CH_2 - CH_2 - Cl$) an die Reaktionspartner Sauerstoff, Schwefel und Stickstoff ab. Durch die Alkylierung von Nucleinsäuren (DNS, RNS) kommt es zu verschiedenen Veränderungen, wie einer abnorme Basenpaarung oder der Vernetzung von DNS- beziehungsweise RNS- Strängen. Im Zellkern kommt es dadurch zu einer Veränderung der Erbinformationen, welche die Zellteilungsvorgänge stark hemmen. Besonders betroffen sind davon Gewebe mit einem starken Zellteilungsvorgang, wie Haut, Knochenmark, Darmschleimhaut und Lymphknoten. Die Folgen der Wirkung auf die Zellen sind nicht tödlich, haben jedoch eine mutagene, teratogene und karzinogene Wirkung. Das heißt sie führen zu Mutationen (Veränderung der Erbanlagen), zu einer Erhöhten Neigung von Missbildungen (Teratogenität) und sind krebsfördernd. Weiters blockieren Loste verschiedene Enzyme und hemmen die Bildung von weißen Blutkörperchen.

Die Symptome der Vergiftung mit Losten treten nach unterschiedlichen Latenzzeiten[8] auf. Loste dringen nach schmerzlosen, meist unerkannten Hautkontakt innerhalb von 30 Minuten in die Haut ein. Dort führen sie zu, von der Giftkonzentration abhängigen, unterschiedlich schweren Verlaufsformen. S-Loste sind in ihrer Wirkung stärker als N-Loste, in den Verlaufsformen jedoch ähnlich.

Bei einer geringen Konzentration des Hautkampfstoffes kommt es zu einem entzündlichen Verlauf der Vergiftung. Nach einer Latenzzeit von 6 bis 8 Stunden kommt es zu Rötungen und Schwellungen der betroffenen Hautstellen, verbunden mit heftigem Juckreiz. Die Abheilung erfolgt nach 5 bis 10 Tagen, unter verstärkter Schuppung und bräunlicher Pigmentierung.

Bei einer höheren Kampfstoffkonzentration kommt es zu einem oberflächlich bullösen Verlauf. Nach einer Latenzzeit von 6 bis 12 Stunden kommt es dabei nach dem entzündlichen Verlauf zu einer starken Blasenbildung auf der Lederhaut, verbunden mit dem Austritt von Serum und Erythrozyten. Die vorerst kleinen Blasen fließen zu großen Blasen zusammen. Dieser sehr schmerzhafte Verlauf führt zu einer Zerstörung der Epidermis (Oberhaut). Die Rückbildung der Blasen, bis zur Erholung der Haut dauert bis zu 4 Wochen.

Bei hoher Kampfstoffkonzentration kommt es nach einer sehr kurzen Latenzzeit von 1 bis 2 Stunden zu einem tiefen bullösen Verlauf. Dabei kommt es zu einer raschen Bildung von Entzündungen und Blasen, welche am 2. Tag aufbrechen und den Blasengrund freilegen. Von

[8] Anm. d. Verf.: Latenzzeit = symptomfreie Zeit zwischen der Vergiftung und dem Auftreten erster Symptome

der Blasenbildung sind alle Hautschichten bis zur Unterhaut und dem Bindegewebe betroffen. Die vollständige Abheilung dieses sehr schmerzhaften Verlaufs tritt nach 2 bis 3 Monaten ein. Die Wirkung des Kampfstoffes auf die Augen ist auch von der Konzentration abhängig. Die Symptome können von Schmerzen, Lichtscheue, Tränenfluss und einer Verkrampfung des Augenlides, bis hin zu einer vorübergehenden Hornhauttrübung, verbunden mit einer Verminderung der Sehleistung führen. Bei direktem Kontakt mit dem Kampfstoff, durch beispielsweise eine Aerosolwolke oder Reiben der Augen mit kontaminierten Händen, treten schlagartige Schmerzen verbunden mit Geschwüren an Horn- und Bindehaut ein. Dieser Verlauf kann durch eine Perforation der Hornhaut zum Verlust des Auges führen.
Die Inhalation des Kampfstoffes führt von Bronchitis, Schnupfen, Fieber bis 40° Celsius, bis hin zu Atemnot und Lungenentzündungen mit letalem Ausgang. Nicht letale Folgeschäden können in Form einer chronischen Bronchitis, eines Lungenödems, eines Lungenabszesses und Lungenkrebs auftreten.

3.2. Arsenhaltige Hautkampfstoffe

Arsenhaltige Hautkampfstoffe haben alle die selbe Grundstruktur. Sie sind Arsindihalogenide, also chemische Verbindungen von Arsen und Wasserstoff. Das Halogen in dieser Kampfstoffverbindung ist Chlor. Der Hauptvertreter der arsenhaltigen Kampfstoffgruppe ist der Hautkampfstoff Lewisit.

3.2.1. Eigenschaften und Struktur

Lewisit (L), auch 2-Chlorvinylarsindichlorid oder „Todestau“, ist eine farblos bis braune, ölige Flüssigkeit. In reiner Form ist der Kampfstoff geruchlos, das technische Produkt riecht jedoch nach Geranien (Blumen). Die Flüssigkeit ist in organischen Lösungsmitteln gut löslich.

Kampfstoff	Lewisit (L)	C2H2AsCl3
Molekulargewicht	207,32 g/mol	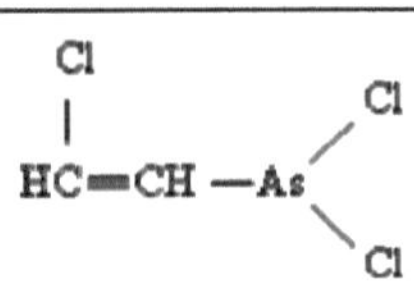
Schmelzpunkt	18° C	
Siedepunkt	190° C	
LD50	1400 mg/Mensch	
LCT50	1300 mg*min/m3	
ICT50	300 mg*min/m3	

Tabelle 3[9]

[9] Vgl. Trieb. 1995. a.a.O. Datenblätter.

Der Kampfstoff Lewisit kommt aufgrund seiner hohen Flüchtigkeit nur in Verbindung mit anderen Kampfstoffen zum Einsatz. Die häufigste Mischung ist das Lewisit Lost, welches eine Mischung aus 63% Lewisit und 37% S-Lost ist.

3.2.2. Wirkung und Symptome

Der Hautkampfstoff Lewisit wirkt über die Haut, die Atemwege und die Augen. Die Wirkung wird durch die Reaktion des Kampfstoffes mit Proteinen und der damit verbundenen Alkylierung hervorgerufen. Durch den Kampfstoff kommt es zu einer massiven Störung des Stoffwechsels.

Im Gegensatz zu den Losten tritt bei der Berührung mit Lewisit sofort ein schmerzhaftes Brennen und Jucken der betroffenen Hautstellen ein. Innerhalb von 30 Minuten kommt es zu Hautauschlägen und Rötungen. Bei der oberflächlichen Form der Vergiftung kommt es nach 12 Stunden zu einer Blasenbildung. Diese zerfallen nach 3 bis 4 Tagen und die Wunde ist nach 2 bis 3 Wochen ausgeheilt. Die tiefe Form der Vergiftung führt zu einer tiefen Blasenbildung verbunden mit einem schmerzhaften Absterben der betroffenen Hautstellen.

Bei Kontakt des Kampfstoffes mit den Augen treten Augenschmerzen, Lidkrämpfe, Tränenfluss, Blutungen und eine Hornhauttrübung auf.

Gelangt der Kampfstoff in die Atemwege reichen die Symptome von, Schnupfen, Kopfschmerzen, Übelkeit, Schwäche und Schmerzen im Bereich des Brustbeines bis hin zu einer schweren Vergiftung der Atemwege. Diese kann zu einem Lungenödem, einer Lungenentzündung und zu Herz- Kreislaufversagen führen.

3.3. Nesselstoffe

Der einzige Nesselstoff der militärisch als Kampfstoff hergestellt wurde ist Phosgenoxim (CX). Nesellstoffe haben eine vielfältige toxische Wirkung.

3.3.1. Eigenschaften und Struktur

Nesselstoffe gehören chemisch gesehen zur Gruppe der Formoxime. Oxime sind Verbindungen, deren Eigenschaft über die Gruppierung C = N – OH bestimmt wird. Phosgenoxim (CX), auch Dichlorformoxin, ist ein farbloser bis gelbbrauner kristalliner Festkörper mit unangenehmen stechenden Geruch. Phosgenoxim kommt in Form von Pulver oder als Aerosol zur Anwendung.

Kampfstoff	Phosgenoxim	CHCl2NO
Molekulargewicht	113,93 g/mol	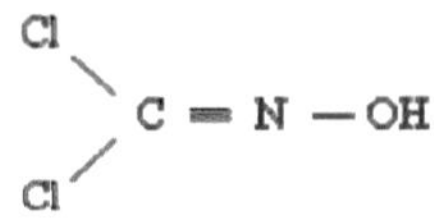
Schmelzpunkt	39,5° C	
Siedepunkt	129° C	
LD50	30 mg/ kg Mensch	

Tabelle 4[10]

3.3.2. Wirkung und Symptome

Der Wirkmechanismus von Nesselstoffen ist noch nicht zur Gänze erforscht. Nesselstoffe reagieren vermutlich mit den in der Haut eingelagerten Eiweißstoffen. Gegen Nesselstoffe gibt es kein Gegenmittel. Nesselstoffe wirken auf die Haut, die Atemwege und die Augen.
Bei Kontakt der Haut mit dem Kampfstoff tritt an der betroffenen Stelle, sofort ein brennender und stechender Schmerz auf. In der Folge kommt es zu rötlich umrandeten Flecken und zu einem lokalen Absterben des Gewebes. Auf der Haut kommt es zu einer Quaddelbildung, ähnlich dem Kontakt mit Brennnesseln, Schwellungen und Entzündungen. Der Kontakt mit den Augen führt zu Tränenflusss, Augenschmerzen und einer vorübergehenden Abnahme der Sehschärfe. Als weitere allgemeine Symptome können Kreislaufstörungen, Kopfschmerzen, Angstzustände und ein Lungenödem auftreten.

4. Blutkampfstoffe

Blutkampfstoffe wurden bereits im 1. Weltkrieg eingesetzt. Diese chemische Kampfstoffart gelangt über die Atemwege und die Lunge in das Blut, wo sie die Sauerstoffversorgung stört. Aufgrund der hohen Flüchtigkeit kann es durch den Einsatz von Blutkampfstoffen zu keiner nachhaltigen Geländekontamination kommen. Blutkampfstoffe sind Gewebsatmungsgifte und werden in Zellgifte und Blutgifte eingeteilt.

4.1. Zellgifte

Zellgifte sind chemische Verbindungen, die die Zellatmung stören und bei hohen Konzentrationen, rasch (nach 3 bis 5 Minuten) zum Tod führen können. Die wichtigsten Zellgifte sind Blausäure, Chlorcyan und Arsenwasserstoff.

10 Vgl. Trieb. 1995. a.a.O. Datenblätter.

4.1.1. Eigenschaften und Struktur

Kampfstoff	Blausäure (AC)	Chlorcyan (CK)	Arsenwasserstoff (AS)
Molekulargewicht	27,02 g/mol	61,47 g/mol	77,95 g/mol
Schmelzpunkt	-14° C	-7° C	-116° C
Siedepunkt	26° C	13° C	-67° C
LD50	50 mg/Mensch	500 mg/Mensch	
LCT50	1000 bis 5000 mg*min/m3	11000 mg*min/m3	5000 mg*min/m3
ICT50	1000 bis 2000 mg*min/m3	7000 mg*min/m3	2500 mg*min/m3

Tabelle 5[11]

Blausäure, auch Zyanwasserstoff oder Zyklon B, ist eine farblose nach Bittermandeln riechende Flüssigkeit und kann auch in gasförmigen Zustand auftreten. Zur Anwendung gelangt Blausäure in Regel als Aerosol. Blausäure kann über die intakte Haut und Schleimhaut aufgenommen werden. *Blausäure wurde 1782 von K. W. Scheele aus Berlinerblau und Schwefelsäure zu ersten Mal hergestellt.*[12]

H — C≡N	Blausäure, HCN

Chlorcyan, auch Zyanchlorid, ist eine niedrigsiedende, stark augenreizende Flüssigkeit mit stechend bittermandelartigem Geruch. Aufgrund des niedrigen Siedepunktes und seiner hohen Flüchtigkeit wird Chlorcyan in Verbindung mit einem Pulver ausgebracht. Der Kampfstoff wird durch Feuchtigkeit aus dem Pulver freigesetzt und entfaltet mit der Freisetzung seine Wirkung. In der Lagerung ist Chlorcyan weniger als einen Monat stabil.

Cl — C≡N	Chlorcyan, CNCl

Arsenwasserstoff, auch Arsin, ist ein farbloses nach Knoblauch riechendes Gas. Auch Arsenwasserstoff wird durch Feuchtigkeit aus einem Pulver freigesetzt, da es in gasförmigem Zustand nicht als Kampfstoff geeignet wäre. Die Struktur von Arsenwasserstoff ist ein

[11] Vgl. Trieb. 1995. a.a.O. Datenblätter.
[12] http://www.gifte.de/B-%20und%20C-Waffen/blausaeure.htm [Stand: 23.05.2008]

pyramidenartiges Molekül, wobei die Wasserstoffatome an der Basis und das Arsen an der Spitze liegen.

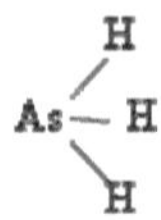	Arsenwasserstoff AsH_3

4.1.2. Wirkung und Symptome

Blausäure und Chlorcyan wirken durch die Hemmung des Atmungskettenenzyms Cytochromoxidase. Durch die Hemmung dieses Enzyms wird die Sauerstoffverwertung unterbrochen und die roten Blutkörperchen können den Sauerstoff nicht mehr an die Körperzellen abgeben. Die Folge ist eine innere Erstickung. Trotz unterschiedlichen Aufnahmewegen (Inhalation, Haut, Augen) ist die Wirkung im körperinneren gleich. Bereits bei einer leichten Vergiftung mit Blausäure oder Chlorcytan treten schwere Krämpfe und akute Atemnot auf, welche zum Tod führen kann. Hohe Konzentrationen können bereits nach Sekunden zum Tod führen.
Arsenwasserstoff zerstört die Membran der roten Blutkörperchen, wodurch es zu einer Anämie kommen kann. Dadurch wird auch bei einer Vergiftung mit Arsenwasserstoff die Sauerstoffversorgung unterbrochen. Bei der Einatmung von Arsenwasserstoff treten die ersten Symptome erst nach einer Latenzzeit von 1 bis 6 Stunden auf. Die ersten Vergiftungserscheinungen sind Frösteln, Schwindelgefühl, Fieber, Kopfschmerzen, Leibschmerzen und Erbrechen. Weiters kommt es zu einer Pupillenerweiterung, rosiger Hautfarbe und dunkelroten Harn. Bei starken Vergiftungen können, aufgrund des Sauerstoffmangels Lähmungen im Gehirn und ein akutes Nierenversagen auftreten.

4.2. Blutgifte

Die zweite Gruppe der Blutkampfstoffe sind Blutgifte. Der Hauptvertreter der Blutgifte ist Kohlenmonoxid. Kohlenmonoxid wird nicht als Kampfstoff eingesetzt, sondern tritt als Folgeerscheinung von Napalm-Einsätzen und großen Flächenbränden auf. Kohlenmonoxid ist ein farb- und geruchloses, sehr flüchtiges Gas.

Kampfstoff	Kohlenmonoxid	CO
Molekulargewicht	28,01 g/mol	
Schmelzpunkt	-204° C	
Siedepunkt	-190° C	
LCT50	50000 mg*min/m3	

Tabelle 6[13]

Kohlenmonoxid entfaltet seine Wirkung, wenn es über die Atemwege in die Blutbahn gelangt. In den roten Blutkörperchen bindet sich das Kohlenmonoxid 300 mal stärker, als Sauerstoff an das Hämoglobin. Das Transportmolekül Hämoglobin kann keinen Sauerstoff mehr aufnehmen und die Sauerstoffversorgung wird gestört Sind mehr als 66% des Hämoglobins durch Kohlenmonoxid gebunden kommt es zum Stillstand der Gewebs- und Gehirnatmung, welcher zum Tod führt. Die Symptome reichen von Kopfschmerzen, Schwindel, Kurzatmigkeit, Gliederlähmung, Übelkeit, Erbrechen, Schwäche der unteren Extremitäten, rosafarbenen Haut, über Bewusstlosigkeit und Sinken der Körpertemperatur bis hin zum Tod.

5. Lungenkampfstoffe

Die ältesten chemischen Kampfstoffe sind Lungenkampfstoffe. Lungenkampfstoffe sind Lungengifte, die als Gase oder Dämpfe über die Atemwege in den Körper eindringen und zu einer Vergiftung der Lunge führen. Lungengifte verhindern den Gasaustausch des Blutes in der Lunge und können bei höchsten Konzentrationen zu sekundenschnellen Tod führen. Die bekanntesten Lungenkampfstoffe sind Phosgen (CG), Perstoff (DP) und Chlorpikrin (PS).

5.1. Eigenschaften und Struktur

Lungenkampfstoffe werden meist als Gase oder Aerosole eingesetzt. Die chemische Struktur von Lungenkampfstoffen ist sehr einfach aufgebaut.

Kampfstoff	Phosgen (CG)	Perstoff (DP)	Chlorpikrin (PS)
Molekulargewicht	98,9 g/mol	197,83 g/mol	164,38 g/mol
Schmelzpunkt	-128° C	-57° C	-69,2° C
Siedepunkt	7° C	128° C	113° C

[13] Vgl. Trieb. 1995. a.a.O. Datenblätter.

LD50	30 mg/Mensch	30 mg/Mensch	200 mg/Mensch
LCT50	3200 mg*min/m3	3200 mg*min/m3	20000 mg*min/m3
ICT50	1600 mg*min/m3	1600 mg*min/m3	15 mg*min/m3

Tabelle 7[14]

Phosgen, auch Carbonylchlorid, ist ein farbloses Gas mit einem Geruch nach faulem Heu oder Obst. Phosgen ist sehr flüchtig und gut in organischen Lösungsmitteln und Ölen, aber auch in S-Lost löslich. Phosgen ist etwa dreimal so schwer als Luft. Der Kampfstoff ist das Dichlorid der Kohlensäure.

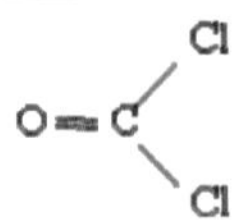	Phosgen $COCl_2$

Perstoff, auch Diphosgen oder Trichlormethylchlorkohlensäureester, ist eine farblos bis braune, ölige Flüssigkeit mit schwachem Geruch nach faulem Heu. Perstoff ist relativ flüchtig und wird oft in Mischform mit anderen Stoffen zum Einsatz gebracht. Perstoff zersetzt sich unter Wärmeeinfluss in Phosgen.

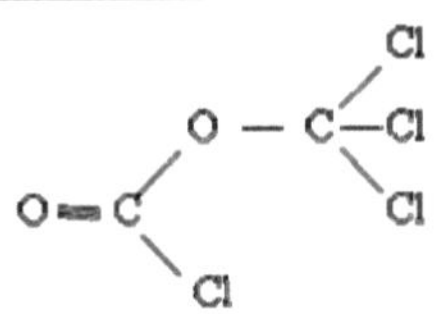	Perstoff $C_2O_2Cl_4$

Chlorpikrin, auch Trichlor-nitromethan, ist eine farblose Flüssigkeit mit öliger Konsistenz. Chlorpikrin weist einen charakteristischen, stechenden Geruch nach Schweiß oder Ananas auf. Der Kampfstoff ist sehr stark lichtbrechend und verfärbt sich durch Lichteinwirkung gelb bis grün. Chlorpikrin ist sehr flüchtig und in Alkohol und Benzol gut löslich, in Wasser jedoch unlöslich.

14 Vgl. Trieb. 1995. a.a.O. Datenblätter.

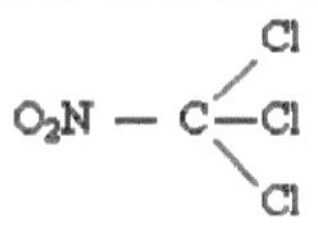	Chlorpikrin CNO_2Cl_3

5.2. Wirkung und Symptome

Lungenkampfstoffe entfalten ihre Wirkung in den Lungenbläschen der Lunge, wo sie sich zu Kohlenstoffdioxid und Salzsäure zersetzen. Die Produkte der Zersetzung schädigen die Gefäßwände, die Bronchien und das Lungengewebe. Aufgrund der schlechten Löslichkeit in Wasser bleiben die oberen Atemwege meist verschont. Durch die Zerstörung der Lungenschleimhaut dringt Blut in die Lungenbläschen ein und es entsteht ein toxisches Lungenödem. In der Lunge kommt es zu einer Blutstauung, wodurch der Gasaustausch in der Lunge gestört wird. Der Sauerstoffmangel kann zu Tod durch ersticken und zu einem Kreislaufkollaps führen.

Anfänglich treten Reizerscheinungen mit Symptomen wie Kratzen im Hals, Engegefühl in der Brust, Hustenreiz, Schwindel und Brechreiz auf. In der Folge kommt es zu einem symptomfreien Intervall. Nach diesem Intervall treten Symptome mit dem klinischen Bild des Lungenödems auf. Diese sind Kurzatmigkeit, Atemnot, Rasselgeräusche in der Lunge, eine blaurote Färbung der Haut, bräunlicher Schaum aus Nase und Mund, verbunden mit Angstzuständen und Unruhe.

Weitere Informationen zu diesem Thema finden Sie in: „Chemische Kampfstoffe. Geschichte, Entwicklung und Einsatz" von Markus Schnedlitz.

ISBN: 978-3-640-23342-7

http://www.grin.com/de/e-book/119340/

Literaturverzeichnis (inklusive weiterführender Literatur)

Bücher:

Karow, Thomas. Lang-Roth Ruth: Allgemeine und Spezielle Pharmakologie und Toxikologie. Vorlesungsorientierte Darstellung und klinischer Leitfaden. 15. Auflage. Eigenverlag. Pulheim 2007.

Pittner, Heribert, Hofrat Univ.-Doz. Dr. u. a.: AUSTRIA-CODEX SCHNELLHILFE 2006/2007. Österreichische Apotheker-Verlagsgesellschaft M.B.H. Wien 2006.

Behördliche Schriften, Publikationen, Fachaufsätze:

Goeckel, K.: Die Bemühungen um eine Ächtung bakteriologischer und chemischer Waffen. Osang Verlag Gmbh. Bonn. 1981

Hemmer, Heinz Obst Ing: Chemische Waffen. In: Schulbehelf 108_002. FH-DiplStG „MilFü", HS & LM-Verw.

Pueringer, J.: Chemische Kampfstoffe. Fakultätsvertretung Naturwissenschaften UNI Wien. Wien.

Trieb, Peter: Datenbank chemische Kampstoffe. Allgemeine Physik Merkblatt. Wien 1995.

URL, elektronische Quellen:

Der Brockhaus multimedial 2008premium DVD. 10. Auflage. Bibliographisches Institut & F. A. Brockhaus AG. Mannheim 2007

Szinicz, L.: Geschichte biologischer und chemischer Kampfstoffe. Online in Internet: URL: http://www.gesundheitsmanagement-tuebingen.de/regtox/31scihis.pdf [Stand 22.05.2008]

http://www.abc-waffen.de/home.htm

http://www.feuerwehr-halle.de/Feuerwehr-Ausbildung/_Messgerate_GSG/ABC_Fuhrungsgruppe/ABC_chemische_Kampfstoffe/abc_chemische_kampfstoffe.html

http://www.gifte.de/B-%20und%20C-Waffen.htm [Stand: 10.05.2008]

http://www.gifte.de/B-%20und%20C-Waffen/blausaeure.htm [Stand: 23.05.2008]

http://www.gifte.de/B-%20und%20C-Waffen/chemische_waffen.htm

http://www.gifte.de/B-%20und%20C-Waffen/sarin.htm [Stand: 20.05.2008]

http://www.toxinfo.org/publikationen/SuchtstoffeAkutUndChronisch.pdf [Stand: 20.05.2008]

http://www.uni-muenster.de/PeaCon/wuf/wf-89/8910400f.htm#22 [Stand: 23.05.2008]

www.toxinfo.org/publikationen/SuchtstoffeAkutUndChronisch.pdf [Stand: 20.05.2008]